Ursula Bien

Low-Carb für den Hund

Artgerechte Hundeernährung mit wenig Kohlenhydraten – Wissen, Tipps und Rezepte

Inhalt

Rezepte

Low-Carb für Hunde – eine Modeerscheinung? Nein, artgerechte Fütterung!

Hunde haben in unserer Gesellschaft heutzutage einen hohen Stellenwert. Auch wenn es bei uns noch immer schlimme Tierschicksale und vernachlässigte Vierbeiner gibt, wird der »beste Freund des Menschen« von den meisten Haltern umsorgt, gehegt und gepflegt. Sie möchten, dass ihr Liebling möglichst lange gesund und fit bleibt und ein hohes Alter erreicht. Ebenso wie beim Menschen gilt: Ausreichend Bewegung und eine gesunde Ernährung sind vermutlich die wichtigsten Säulen für ein langes und gesundes Leben.

Doch leider greifen viele Hundebesitzer nicht nur für sich selbst zu Fertiggerichten. Wie selbstverständlich bauen sie darauf, dass die Tierfutterindustrie, die ihre Produkte mit geschicktem Marketing an den Halter bringt, schon weiß, was gut für ihren vierbeinigen Liebling ist. Bedenkenlos wird zu Fertigfutter und »Leckerlis« gegriffen und die Verantwortung nur zu gerne abgegeben.

Erst, wenn der Hund deutlich zu dick ist, Gelenk-, Zahn- oder Hautprobleme hat und sich mit Allergien herumplagt, dämmert es den Besitzern, dass diese Probleme möglicherweise etwas mit der Ernährung zu tun haben könnten. Die Parallelen zu menschlichen Leidensgeschichten sind erstaunlich.

Käuflich zu erwerbendes Hundefutter besteht heutzutage zu einem hohen Anteil aus Getreide, an das der Verdauungstrakt des Hundes schlecht angepasst ist. Dazu kommen jede Menge Konservierungsmittel, Farbstoffe und Geschmacksverstärker,

die den Organismus des Tieres unnötig belasten. Besonders Trockenfutter ist bei Herrchen oder Frauchen beliebt, da es so praktisch portionierbar ist und kaum Dreck macht. Doch möchten Sie tagein tagaus Ihr Essen als gepresste Kügelchen zu sich nehmen?

Mittlerweile steigt die Zahl der Tierbesitzer, die in Fertigfutter einen Hauptverursacher von Übergewicht und Zivilisationskrankheiten bei Hunden sehen und entsprechende Alternativen zur Industrieware suchen. Besonders engagierte Hundehalter »BARFEN«.

Dieses Kürzel wird unterschiedlich übersetzt, bedeutet aber letztlich biologisch artgerechtes rohes Futter, also eine vom Hundebesitzer selbst hergestellte rohe Kost, bei deren Zusammenstellung man sich an der Ernährung des Wolfes orientiert.

Eine vergleichbare, jedoch etwas weniger aufwendige Fütterungsart ist eine eiweißreiche, fettoptimierte und kohlenhydratarme Kostform, die gemeinhin als Low-Carb-Ernährung bekannt ist. Diese hält den Blutzuckerspiegel konstant und lockt wenig Insulin aus der Bauchspeicheldrüse. Der Hund bleibt schlank und vital und wird dabei mit allen Nährstoffen versorgt. Low-Carb für den Hund ist eine gut praktikable und dabei artgerechte Form der Fütterung.

Low-Carb/LOGI für Menschen

Auch bei Menschen wird eine kohlenhydratarme Ernährung seit vielen Jahren sehr erfolgreich zur Prävention, aber auch zur Therapie von Übergewicht, Diabetes, Leberverfettung und weiteren Stoffwechselerkrankungen eingesetzt. Die LOGI-Methode, eine moderate Form der Low-Carb-Ernährung mit 80 bis 130 Gramm Kohlenhydraten pro Tag, ist wissenschaftlich fundiert und seit vielen Jahren erprobt. LOGI bedeutet »Low Glycemic and Insulinemic Diet« und steht für eine Ernährung, die niedrige Blutzuckerspiegel und eine geringe Insulinausschüttung begünstigt. Basis dieser LOGI-Ernährung sind ballaststoff- und wasserreiche Lebensmittel wie Gemüse, Pilze und Salat, die mit besten Ölen und Fetten äußerst schmackhaft zubereitet werden. Hinzu kommen zuckerarme Obstsorten, von denen der Verzehr von zwei Portionen pro Tag empfohlen wird. Eiweißreiche Nahrungsmittel wie Fleisch, Fisch, Eier oder Käse ergänzen diese Basislebensmittel. Sie machen rundum satt und schmecken.

In unserer modernen Welt leben wir wie im »Schlaraffenland«, in einem ständigen Überfluss an Nahrungsmitteln mit einem sehr hohen Anteil an Kohlenhydraten. Diese Kohlenhydratflut, häufig in Kombination mit zu wenig Bewegung, führt zu Übergewicht und begünstigt Zivilisationskrankheiten wie Diabetes, Herz-Kreislauf-Erkrankungen und Gicht. Weniger Kohlenhydrate in unserer Ernährung entlasten den Stoffwechsel deutlich und bringen Blutdruck, Blutzucker und Blutfette wieder in den Normbereich. Daher sollten kohlenhydrathaltige Lebensmittel von Stufe 3 der LOGI-Pyramide (z. B. Vollkornprodukte, Kartoffeln, Nudeln und Reis) nur wenig und mit Bedacht gegessen werden, besonders wenn man abnehmen möchte. Lebensmittel von Stufe 4 der LOGI-Pyramide (z. B. Kuchen, Süßigkeiten, Weißbrot oder gesüßte Getränke), die den Blutzucker sehr rasch ansteigen lassen, sollten nur sehr selten und in kleinen Mengen verzehrt werden, etwa zu ganz besonderen Anlässen wie z. B. einer Geburtstagsfeier.

Da man prinzipiell auf nichts verzichten muss, ist diese Art der Ernährung leicht durchzuhalten. Bei LOGI handelt es sich eben nicht um eine kurzfristige »Diät«, sondern um eine dauerhafte, lebenslange Ernährungsumstellung, die dem Stoffwechsel guttut und Gesundheit, Leistungsfähigkeit und Wohlbefinden steigert. LOGI basiert auf traditionellen Grundnahrungsmitteln, die nach modernsten ernährungsmedizinischen Erkenntnissen geschmackvoll miteinander kombiniert werden.

FAZIT: Herrchen und Frauchen können mit einer kohlenhydratarmen Ernährung abspecken und gesundheitlich enorm profitieren. Gleiches gilt für ihren Hund.

Die LOGI-Pyramide zeigt, welche Lebensmittel im Rahmen der LOGI-Ernährung in welchem Maß verzehrt werden sollen.

Low-Carb für Hunde

Hunde leiden heute unter ähnlichen Zivilisationskrankheiten wie der Mensch. Viele von ihnen sind übergewichtig, haben Gelenkprobleme sowie schlechte Leber- und Nierenwerte. Der Anteil an Hunden mit Diabetes (»Zuckerkrankheit«) nimmt stetig zu. Gründe dafür sind – wie auch beim Menschen – beispielsweise Über- und Fehlernährung und zu wenig Bewegung. Hunde leben nicht mehr artgerecht wie ihre wölfischen Vorfahren, sondern sind zu Wohlstandstieren mutiert, die mit Kohlenhydraten gemästet werden. Sie müssen nicht mehr jagen, um Beute zu machen. Im modernen »Hunde-Schlaraffenland« fliegen ihnen die Hundekekse ohne jegliche Anstrengung direkt ins Maul. Die Umstellung auf eine artgerechte, kohlenhydratarme und nährstoffoptimierte Ernährung hilft auch dem Haushund schlank zu werden und zu bleiben und gleichzeitig gesund und fit zu sein.

Der Verdauungstrakt des Haushundes

Um zu verstehen, wie die Nahrung im Körper unseres Hundes aufgenommen wird, hilft ein kurzer Blick auf den Verdauungstrakt des Tieres. Er ist etwa sechsmal so lang wie sein Körper.

Vom Maul bis zum »Würstchen auf der Wiese« benötigt das Futter bis zu zehn Stunden.

Im Magen wird das Futter mithilfe von Salzsäure zersetzt und in seine Bestandteile zerlegt. Das saure Milieu aktiviert das Enzym Pepsin zur Aufspaltung der Eiweiße, tötet aber auch mit dem Fressen aufgenommene Bakterien ab.

Wie auch bei anderen Säugetieren gelangt der vorverdaute Nahrungsbrei anschließend in den Dünndarm, wo die Aufnahme der Nährstoffe aus dem Futter erfolgt. Dazu werden dem Nahrungsbrei direkt nach Verlassen des Magens die in der Leber gebildete Gallenflüssigkeit und Säfte aus der Bauchspeicheldrüse beigemengt. Diese neutralisieren einerseits den extrem sauren Mageninhalt, helfen aber auch bei der Verdauung von Fetten und Kohlenhydraten.

Die Oberfläche des Dünndarms ist durch fingerartige Ausstülpungen (»Zotten«) enorm groß. Auf diese Weise können Nährstoffe gut aufgenommen werden.

Im Dickdarm, der einen beachtlichen Teil des Verdauungstrakts ausmacht, werden die Nahrungsreste dann durch Rückresorption des Wassers weiter eingedickt. Zudem werden dort Fettsäuren, Salze und wasserlösliche Vitamine aufgenommen. Unverdauliche Reste werden im Mastdarm gespeichert und im Idealfall als halbfestes Würstchen ausgeschieden, das sich gut mit einem Kotbeutel aufnehmen lässt.

INFO: Verdauungsstörungen in Form von häufigem Durchfall, ständiger Verstopfung oder auffällige Farbveränderungen wie weißer Stuhl sind stets ein Hinweis auf einen nicht optimalen Gesundheitszustand des Tieres.

Magendrehung – ein absoluter Notfall!

Beobachtet man Hunde beim Fressen, fällt auf, dass sie wahre Schlinger sind. Mit Kauen hält sich ein Hund nicht lange auf. Der Napf ist in kürzester Zeit leergeputzt. Dieses Verhalten zeigt die enge Verwandtschaft zum Wolf, der ein ähnliches Gebaren an den Tag legt.

Auch beim Wolf heißt es, möglichst viel Nahrung in kurzer Zeit in sich hinein zu schlingen. Aus diesem Grunde ist der Magen von Wolf und Hund sehr dehnbar. Er kann – quasi »auf Vorrat« – große Futtermengen aufnehmen. Die oft viel zu große Futtermenge wird dann an einem anderen Ort wieder hervorgewürgt, Teile davon werden vergraben, andere gefressen. Auch dieses instinktive Verhalten lässt sich bei vielen Haushunden noch heute beobachten. Da das Erbrechen auf dem Perserteppich jedoch nicht unbedingt erwünscht ist, sollte man dem Haushund kleinere Portionen verfüttern. Bleiben Reste im Fressnapf, ist das ein sicheres Zeichen dafür, dass die verabreichten Essensrationen zu groß sind. Wolf und Hund lassen normalerweise keine Reste!

Um große Futtermengen auf einmal aufzunehmen sind Wolf- und Hundemagen nur relativ locker in der Bauchhöhle aufgehängt. Wölfe halten nach dem Fressen daher Siesta. Ruht der Hund nach reichlicher Fütterung aber nicht, sondern tobt ungestüm herum oder wälzt sich übermütig, kann sich der Magen aufgrund der lockeren Aufhängung um seine eigene Achse winden. Hunde größerer Rassen sind besonders gefährdet, da ihre Magenbänder besonders lang sind.

Eine solche »Magendrehung« beim Hund ist ein klinischer Notfall, der unbehandelt zu einem qualvollen Tod führt. Sobald Sie auch nur den leisesten Verdacht auf eine Magendrehung haben, müssen Sie sofort zum Tierarzt. Abwarten hilft nichts, da mit der Zeit alles sehr viel schlimmer wird!

Das liegt daran, dass bei der Verdauung des Mageninhalts Gase entstehen, die durch die Drehung des Magens weder nach oben über die Speiseröhre noch nach unten über den Dünndarm entweichen können. Der Hund schwillt an wie ein Fesselballon, die Schmerzen werden von Minute zu Minute stärker. Am verzweifelten Blick Ihres Tieres erkennen Sie, dass auch der Hund weiß, dass er in Lebensgefahr ist. Greift ein Tierarzt jetzt nicht mit einer Not-OP ein, werden Blutgefäße im Bauchraum abgeschnürt. Die daraus resultierende Durchblutungsstörung führt zu einem Absterben der inneren Organe des Tieres, einer Blockierung der Sauerstoffversorgung des gesamten Körpers und schließlich zu einem grausamen Tod. Um Ihren Hund zu schützen, geben Sie ihm daher nie zu große Portionen und halten Sie sich an den Spruch: »Nach dem Essen soll er ruhen und gar keine Schritte tun!«

Ach Du dicker Hund

Wie beim Menschen gibt es auch bei Hunden stark untergewichtige Exemplare, sogenannte »schlechte Futterverwerter«, die nicht schlank, sondern bedauernswert mager sind. Auch solche Tiere profitieren von einer Umstellung auf eine kohlenhydratarme Ernährung, wenn sich der Halter traut, den Fettanteil in der Nahrung angemessen zu steigern. Für die meisten Hunde stellt jedoch Übergewicht ein viel größeres Problem dar. Ein übergewichtiger Hund hat nicht nur eine schlechtere Lebensqualität und ist weniger vital als ein schlanker Artgenosse; Verfettung bedeutet auch gleichzeitig eine deutliche Verkürzung seiner Lebenserwartung.

Wann ist ein Hund dick?

Jedes Individuum besitzt – entsprechend seiner Statur – ein individuelles Idealgewicht. Beim Hund sind diesbezüglich rassespezifische Unterschiede zu berücksichtigen. So hat ein Windhund generell weniger auf den Rippen als ein Bernhardiner. Für alle Rassen gilt jedoch gleichermaßen: Bei einem Hund sollten die Rippen stets ohne Druck gut zu ertasten und eine deutliche Taille sichtbar sein. Bei kurzhaarigen Hunden erkennt man besonders gut von der Seite, ob sie zu viel auf den Rippen haben. Die sogenannte Bauchlinie sollte deutlich oberhalb der Brustlinie liegen. Ist dies nicht der Fall ist der Hund zu dick.

Langhaarige Exemplare muss man dagegen abtasten. Die Wölbung von Bauch- und Brustlinie muss klar spürbar sein. Einmal pro Monat geht es zusätzlich ab auf die Waage. Wiegen sollte vom Welpenalter an regelmäßig trainiert werden, damit es für das Tier nicht stressig ist. Auch sollten bestimmte Signale nicht übersehen werden, z.B. wenn das Halsband weiter gestellt werden muss, der Hund immer langsamer und behäbiger wird und die Kondition sich verschlechtert. Dann muss dringend gehandelt und abgespeckt werden. Wird Ihr Liebling immer runder, kann natürlich auch eine Krankheit dahinter stecken, allen voran eine Schilddrüsenunterfunktion. Lassen Sie dies also unbedingt bei einem Tierarzt überprüfen. Auch nach einer Kastration neigen viele Hunde zum Fettansatz. Nach einem solchen Eingriff sollte daher genau darauf geachtet werden, ob das Tier zunimmt und entsprechend mit mehr Bewegung und weniger Futter gegengesteuert werden.

Artgerechtes Futter fördert die Gesundheit

Gelenkverschleiß (Arthrose) und Gelenkentzündung (Arthritis) sind oft Folge jahrelangen Übergewichts, welches der Halter durch falsche Fütterung zu verantworten hat. Je älter ein übergewichtiger Hund wird, desto mehr hat er unter seinem zu hohen Gewicht zu leiden. Die zerstörten, steifen Gelenke schmerzen und können dem Hund jede Lebensfreude nehmen. Lassen Sie es nicht so weit kommen und beugen Sie Übergewicht und Gelenkerkrankungen durch artgerechte, kohlenhydratarme Ernährung vor!

Diabetes (»Zuckerkrankheit«) bei Hunden ist auf dem Vormarsch. Die Bauchspeicheldrüse des Hundes bildet dann kein Insulin mehr und der im Blut befindliche Zucker kann nicht mehr in die Zellen hineintransportiert werden. Die typische Insulinresistenz und einen Typ-2-Diabetes gibt es bei Hunden übrigens so gut wie nie. Die Bauchspeicheldrüse gibt meist gleich komplett auf. Fast alle Hunde mit Diabetes erblinden innerhalb der ersten zwei Jahre nach der Diagnose. Viele entwickeln Nierenprobleme und leiden unter schlecht heilenden Wunden. Übergewichtige Hunde sind deutlich gefährdeter, zuckerkrank zu werden als schlanke Hunde. Eine artgerechte, kohlenhydratarme Ernährung entlastet die Bauchspeicheldrüse und kann das Auftreten von Diabetes verhindern.

In Deutschland leidet schätzungsweise jeder fünfte Hund an einer Allergie. Entzündungen der Haut, juckende, wund gekratzte Hautpartien, Haarausfall oder Magen-Darm-Probleme mit Durchfall können ein Hinweis darauf sein.

Ist es nun eher Zufall, dass immer mehr Hunde von Allergien betroffen sind, oder liegt es möglicherweise daran, dass immer weniger von ihnen artgerecht ernährt werden?

Allergien beim vierbeinigen Liebling sind für viele Halter ein Grund für eine Futterumstellung auf eine artgerechte und ganzheitliche Ernährung. Fast alle von ihnen machen dabei die Erfahrung, dass ihre Tiere erheblich von der Veränderung beim Futter profitierten. Wenn offene Stellen im Fell verheilen und der Hund wieder entspannt und glücklich in seinem Körbchen liegt, weiß man, dass man alles richtig gemacht hat. Ein Versuch lohnt sich auf jeden Fall.

Eine physiologische Darmflora ist das A und O der Gesundheit. Billionen von Darmbakterien leisten im Körper eines Hundes aktive Verdauungsarbeit. Darmbakterien schließen das Futter enzymatisch auf und verhindern, dass sich Krankheitserreger breit machen. Das Füttern von vielen Kohlenhydraten in Form von leicht verdaulicher Stärke und Zucker verändert die Darmflora negativ. Häufige Wurmkuren und Antibiotika bringen die »Lebensgemeinschaft Darm« dann vollends aus dem Gleichgewicht. Mit artgerechter, kohlenhydratarmer Ernährung lässt sich eine gesunde Darmflora erhalten oder nach Erkrankungen wieder aufbauen.

Artgerechte Ernährung des Haushundes

Schon ein Blick auf das Gebiss eines Hundes lässt keine Zweifel aufkommen: »Fifi« ist ein Fleischfresser! Auch, wenn man es z.B. einem Chihuahua nicht mehr unbedingt ansieht, er ist und bleibt ein Raubtier. Mit großen Fangzähnen packt und tötet er das Beutetier und reißt ganze Stücke aus ihm heraus. Scharfkantige Backenzähne können mit ihrer enormen Beißkraft selbst Knochen durchtrennen. In unserem kleinen Freund steckt eben noch immer der Urahn Wolf.

Aus falsch verstandener Tierliebe einen Hund zum Vegetarier »umerziehen« zu wollen ist schlicht und einfach eines: Tierquälerei. Man käme ja auch nicht auf den Gedanken, eine Kuh oder ein Meerschweinchen ohne Pflanzen und stattdessen nur mit Fleisch zu füttern. Doch auch wenn Fleischfresser, sogenannte Karnivoren, sich bevorzugt von Fleisch ernähren, fressen sie weitaus mehr als das, was wir gemeinhin unter Fleisch verstehen: ein gutes Steak, ein Schnitzel oder Gulasch, also ausgewählte Teile von Schlachttieren. Ein Wolf frisst hingegen das gesamte Tier, sozusagen »mit Haut und Haar«. Auch Fell, Federn, Knochen und Eingeweide werden mitgefressen. Durch das Fressen von Magen- und Darminhalt des Beutetieres wird auch vorverdaute Pflanzennahrung aufgenommen. Kleinere Beutetiere wie Mäuse oder Vögel werden als Ganzes verschluckt. Sogar Insekten sind als kleiner Snack willkommen. Würde man einem Wolf oder Hund nur eiweißreiches, aber fettarmes Muskelfleisch verfüttern, käme es schnell zu Mangelerscheinungen. Artgerechtes Futter enthält demnach eine gehörige Portion Fett, Ballaststoffe und pflanzliche Komponenten.

Leider gibt es in unserer Gesellschaft nicht nur bei uns Menschen einen verhängnisvollen Trend zum Fettsparen. Er ist inzwischen auch bei der Ernährung unserer Haustiere angekommen. »Fett macht fett« heißt es vereinfacht und so finden sich auch im Heimtierbedarf immer mehr »Lightprodukte«, die unserem vierbeinigen Liebling beim Abspecken helfen sollen. Doch was beim Menschen nicht funktioniert, funktioniert auch beim Hund nicht, da der Ansatz an sich bereits falsch ist. Das zeigt schon die Tatsache, dass trotz immer weniger Fett und immer mehr »Lightprodukten« Herrchen und Hund in Deutschland stetig dicker werden. Der Anteil übergewichtiger Hunde liegt laut einer Erhebung der Universität München inzwischen bei 52 Prozent. Beim Menschen ist die 50-Prozent-Marke übrigens auch längst überschritten.

Fett macht eben nicht fett. Das belegen zahlreiche wissenschaftliche Studien. Vielmehr sind die im Essen (Fressen) reichlich enthaltenen Kohlenhydrate Ursache des übergewichtigen Übels. Auch hier gibt es Parallelen zum Menschen: Rennt sich Herrchen die aufgenommenen Kohlenhydrate z.B. bei einen 10-Kilometer-Lauf wieder ab, bleibt er eher schlank. Legt er sich statt Sport zu treiben faul aufs Sofa, werden die nicht verbrauchten Kohlenhydrate in Fett verwandelt, als »Hüftgold« eingelagert und dank hoher Insulinspiegel aufgrund der Kohlenhydratfülle auch so schnell nicht wieder verbrannt.

Praktische Umsetzung der artgerechten Ernährung

Wie sollte eine typische Tagesportion zusammengestellt sein? Zwei Drittel Fleisch und ein Drittel Gemüse sind hier eine gute Richtlinie. Bei Hunden, die an große Portionen Industriefutter gewöhnt sind oder die stark abnehmen müssen, kann der Gemüseanteil ruhig etwas erhöht werden, sollte aber 50 Prozent der Gesamtportion nicht überschreiten. Für einen 25 Kilogramm schweren Hund bedeutet dies ungefähr 200 Gramm Fleisch, 100 Gramm Gemüse und zwei bis drei Esslöffel gutes Fett pro Tag. Der Kohlenhydratanteil sollte ein bis zwei Gramm Kohlenhydrate pro Kilogramm Körpergewicht des Hundes nicht überschreiten. Bei sehr aktiven Hunden kann die Portionsgröße natürlich erhöht werden, besonders, wenn eine Gewichtsabnahme nicht gewünscht bzw. nicht erforderlich ist.

Kleine Fettkunde

Fette sind für unsere Hunde die wichtigste Energiequelle. Je nach Aktivität des Hundes darf ein gesunder, aktiver Hund etwa drei Gramm Gesamtfett pro Kilogramm Körpergewicht aufnehmen. Fette liefern dem Hund wertvolle Fettsäuren.

Dabei ist jede Art von Fett für unseren Hund geeignet. Ernährungsphysiologisch besonders günstig ist eine gute Mischung aus tierischen und pflanzlichen Fettquellen. Mehrfach ungesättigte Fettsäuren kann der Hund, ebenso wie der Mensch nicht selbst bilden. Da sie für ihn lebensnotwendig (essenziell) sind, muss er sie über das Futter aufnehmen. Fett ist zudem ein Geschmacksträger. Ihr Hund wird sein fettiges Essen lieben! Am besten geben Sie Ihrem Liebling immer wieder verschiedene Fette zu fressen, z.B. Schweineschmalz, Gänsefett, Lamm- oder Rindertalg, gerne in Kombination mit etwas Olivenöl, Lachsöl oder Leinöl. Je magerer das verfütterte Fleisch ist, desto mehr Fett sollte zugesetzt werden.

Leinöl hat einen sehr hohen Anteil an mehrfach ungesättigten, sogenannten Omega-3-Fettsäuren. Es ist aber auch ein sehr empfindliches Öl, welches schnell ranzig wird. Es sollte daher nur in kleinen Mengen eingekauft werden, muss dunkel und kühl gelagert und zügig verbraucht werden. Ranziges Öl darf nicht mehr verfüttert werden.

INFO: Die Gabe von Omega-3-Fettsäuren scheint die Aggresivität von Hunden zu dämpfen.

Gleiches gilt für Fischöl. Als Lachsöl ist es heutzutage bei jedem Futtermittelhändler zu bekommen. Da größere Gebinde meist

preiswerter sind, greifen Tierhalter gerne zur größeren Flasche. Bei ein bis zwei Teelöffeln Zusatz pro Tag bräuchte man aber eine ganze Weile, bis Mengen ab ein Liter verbraucht sind, und es besteht die Gefahr, dass ein Teil davon verdirbt. Hunde, die zu Hautproblemen wie Haarausfall, Juckreiz oder Allergien neigen, profitieren sehr von der Zugabe einiger Tropfen Borretsch- oder Nachtkerzenöl zum Futter. Die darin enthaltenen Gamma-Linolensäuren wirken sich sehr positiv auf entzündete Haut aus. Das Öl kann auch äußerlich auf die entzündeten Hautstellen aufgetragen werden. Falls der Hund das Öl ablecken sollte, ist dies vollkommen unproblematisch.

Auch die Gabe von nativem Kokosöl auf das Fell hat viele positive Eigenschaften. Dazu verteilt man einen halben Teelöffel Kokosfett zwischen den Händen und streicht sanft über den Körper des Tieres. Dies verleiht dem Fell einen wunderbaren Glanz und ist gleichzeitig ein natürlicher Zeckenschutz, weil Zecken die in Kokosfett enthaltene Laurinsäure nicht mögen. Studien der FU Berlin belegen diese abstoßende Wirkung von Laurinsäure im Kokosfett auf Zecken und deren Nymphen (zweites Entwicklungsstadium). Da das Fett in die Haut einzieht, muss diese Prozedur allerdings häufiger erfolgen, wenn man in einem zeckenreichen Gebiet lebt.

Extra betont sei noch, dass wir uns hier über natives Kokosfett und nicht über gehärtetes und raffiniertes Frittierfett unterhalten. Natives (biologisches) Kokosfett wird vorsichtig aus der ganzen Kokosnuss extrahiert. Es enthält viele sogenannte mittelkettige Fettsäuren (MCTs), die die Zelle besonders gut zur Energiegewinnung nutzen kann. Die Information, dass Hunde mittelkettige Fettsäuren nicht gut vertrügen und davon Durchfall bekämen, entspricht in keiner Weise meiner Erfahrung. Die Verträglichkeit von Fett hat vielmehr mit der aufgenommenen Menge zu tun.

Ein Hund, der jahrelang eher fettarmes Trockenfutter bekommen hat, muss erst durch sehr langsames und vorsichtiges Steigern der Fettdosis daran gewöhnt werden. Sie dürfen auf keinen Fall von einem auf den anderen Tag die Fettration vervielfachen. Das Tier muss sich körperlich allmählich auf eine höhere Fettzufuhr einstellen.

Aktuelle Forschungen bescheinigen Kokosfett viele positive gesundheitliche Wirkungen auf den Organismus. Die positive Wirkung von Kokosfett in der Ernährung des Hundes ist vielen Hundehaltern noch gar nicht bekannt. Im Gegenteil: Oft wird aus Unkenntnis vor den angeblich darin enthaltenen »bösen« gesättigten Fettsäuren gewarnt.

INFO: Natives Kokosfett schmilzt bereits bei einer Temperatur von 26 °C und wird dann flüssig wie Öl, weshalb man auch von Kokosöl spricht. Man meint jedoch ein und dasselbe Produkt in zwei unterschiedlichen Aggregatzuständen. Die in Kokosfett enthaltenen Fettsäuren sind sehr stabil, daher muss man es auch nicht im Kühlschrank aufbewahren.

Fleisch

Grundsätzlich kann und darf ein Hund jede Art von Fleisch essen. Ob Rind, Schwein, Lamm, Pferd, Kaninchen, Reh oder Geflügel – alles ist erlaubt. Fleisch ist eine hochwertige Proteinquelle. Für den Hund gelten (etwas anders als beim Menschen) die Aminosäuren Arginin, Histidin, Isoleucin, Leucin, Lysin, Methionin, Lysin, Methionin, Phenylalanin, Threonin, Tryptophan und Valin als essenziell, das heißt sie müssen mit der Nahrung aufgenommen werden. Ein hochwertiges Eiweiß enthält besonders viele dieser essenziellen Aminosäuren. Tierische Proteine sind hier die besten Quellen. Die empfohlene Proteinzufuhr liegt für einen gesunden Hund bei etwa zwei bis drei Gramm pro Kilogramm Körpergewicht am Tag, was einer Menge von etwa 200 bis 300 Gramm Fleisch für einen 25 Kilogramm schweren Hund entspricht.

Fleisch – roh oder gekocht?

Um diese Frage entzünden sich wahre Glaubenskriege. In Internetforen wird leidenschaftlich darüber diskutiert. Die eine Fraktion warnt davor, dass Rohfleisch voller Krankheitserreger stecke und mehr »Verdauungsarbeit« koste, die andere Seite argumentiert, dass schließlich jeder Zoo der Welt an seine Wölfe und Wildhunde rohes Fleisch verfüttere und die Rohfütterung die natürlichste aller Futtergaben sei. Tatsächlich spielt eine mögliche Kontamination des Futters mit Bakterien für unsere Hunde eine untergeordnete Rolle. In der Natur fressen Wölfe ja sogar Aas. Haushunde lieben den »Genuss« vergrabener und vergammelter Knochen, fressen Erde und saufen Wasser aus Pfützen, ohne davon krank zu werden.

Da der Hundemagen extrem sauer ist, werden bereits dort die meisten Bakterien abgetötet. Dies gilt selbst für Keime, die dem Menschen sehr gefährlich werden können, wie z. B. Salmonellen. Und selbst wenn mal ein Bakterium durch den Magen in den Dünndarm rutschen sollte, wird einfach das Immunsystem hochgekurbelt. Auch wenn ein Hund durch eine Infektion mit Salmonellen selbst vielleicht nicht beeinträchtigt ist, ist dennoch Vorsicht geboten. Er scheidet die Salmonellen nämlich aus und kann auf diese Weise die Menschen in seinem Rudel anstecken. Daher sollten Sie stets nur ganz frisches Fleisch, Geflügel oder Eier verarbeiten und schnell verfüttern. Eierschalen, die zum Futter gegeben werden, sollten Sie vorher in heißem Wasser abkochen. Im Fachhandel sind auch gemahlene Bio-Eierschalen erhältlich, die hygienisch unbedenklich sind. Vakuumverpacktes Fleisch aus der Tiefkühltruhe sollte zum Auftauen immer aus der Verpackung genommen werden, um zu vermeiden, dass sich unter Luftabschluss unter der Folie anaerobe Bakterien vermehren. Kochgeschirr, Schneidebretter und Näpfe sollten Sie so heiß wie möglich spülen.

Schwein – ja oder nein?

Insbesondere die Frage, ob Schweinefleisch an Hunde verfüttert werden darf, wird immer wieder leidenschaftlich diskutiert. Die Antwort ist relativ einfach: ja, aber nur gekocht.

Der ungarische Mikrobiologe Aladár Aujeszky beschrieb 1902 als erster eine nach ihm benannte Erkrankung, die sogenannte Aujeszkysche Krankheit beim Hausschwein. Diese wird auch als »Pseudowut« bezeichnet und durch ein Virus der Herpesfamilie ausgelöst. Primaten, also Affen und Menschen, können sich mit diesem Virus nicht anstecken. Für nahezu alle anderen Säugetiere verläuft die Infektion tödlich.

Durch das Aufnehmen dieses Schweinevirus über das Futter kommt es beim Hund schnell zu einer Entzündung von Gehirn und Rückenmark mit neurologischen Ausfällen und gleichzeitig starkem Juckreiz, weshalb die Erkrankung auch Tollkrätze genannt wird. Da es kein Medikament gegen die Erkrankung gibt, muss ein infizierter Hund sterben. Temperaturen über 80° töten das Virus jedoch zuverlässig ab: Es ist dann nicht mehr infektiös und kann keinen Schaden mehr anrichten. Aus diesem Grund sollte Schweinefleisch niemals roh, sondern nur in gekochtem Zustand an Hunde verfüttert werden.

Der Hausschweinbestand in Deutschland gilt seit 2004 frei von Pseudowut. Theoretisch wäre also wieder eine Rohfütterung möglich. Aber warum ein Risiko eingehen? Wildschweinbestände sind Schätzungen zufolge noch zu etwa zehn Prozent durchseucht. Beim Verfüttern von Wildschweinfleisch sollten Sie dieses also unbedingt lange und gründlich erhitzen.

Grundsätzlich nicht verfüttern sollte man getrocknete Teile vom Schwein, also Ohren, Nasen oder Klauen. Diese Dinge werden bei Futterhändlern gerne als »Knabberspaß« an Hund und Halter gebracht. Beim heutigen Handel mit Lebensmitteln rund um den Globus können wir uns jedoch nie sicher sein, woher die Futtermittel wirklich stammen und ob sie tatsächlich frei vom Aujeszky-Virus sind.

Blut tut gut

Beobachtet man Wölfe in der freien Natur bei der Nahrungsaufnahme, so sieht man, dass von einem erbeuteten Tier – sofern es nicht als Ganzes heruntergeschlungen wird – zuerst das Blut aufgeleckt wird. Blut enthält wichtige Nährstoffe, insbesondere ist es eine gute Eisenquelle. Unsere Schlachttiere enthalten jedoch alle kein Blut mehr. Wir sollten unserem Hund diesen wichtigen Nahrungsbestandteil dennoch nicht vorenthalten. Täglich ein großes Stück Blutwurst ist daher (übrigens auch für Menschen!) ideal, um Eisenmangelerscheinungen vorzubeugen und die Blutbildung anzuregen. Frische Hundeblutwurst mit Rinderblut ist ebenfalls ein willkommener Leckerbissen und heute bei vielen Anbietern von Hundefutter appetitlich verpackt erhältlich.

Pansen

Zu einer gesunden und ausgewogenen Hundeernährung gehört die Verfütterung des gesamten Beutetiers. Da wir unserem Hund aber kein ganzes Kaninchen in den Napf legen wollen, sollten wir bemüht sind, die Nahrung so intelligent zusammenzustellen, dass sie einem ganzen Beutetier entspricht. Den Magen eines Kaninchens würde unser Hund wahrscheinlich sogar liegen lassen, weil ihm dieser »Einkammermagen« zu sauer schmeckt. Gerne wird jedoch der Magen von Wiederkäuern gefressen, die einen »Mehrkammermagen« haben.

Pansen ist der erste Magen eines Wiederkäuers (z.B. vom Rind, Hirsch oder Schaf). Als sogenannter grüner Pansen ist er ungewaschen, enthält noch pflanzliches Material und ist eine echte Vitaminbombe. Einmal wöchentlich sollte daher grüner Pansen auf dem Speiseplan stehen. Beim Metzger erhält man heutzutage – wenn überhaupt – meist nur gewaschenen Pansen. Dieser wird in vielen Kulturen als sogenannte »Kutteln« auch auf dem menschlichen Speiseplan zu Eintöpfen, Suppen oder Ragouts verarbeitet. In Ungarn macht man aus Pansen traditionell ein deftiges »Kuttelgulasch«.

Über »BARF-Shops« oder das Internet kann man jedoch problemlos grünen Pansen (auch in der Dose) direkt zu sich nach Hause bestellen. Grüner Pansen wird auch in getrockneter Form als Pulver angeboten. Als getrocknete Sticks ist er zudem ein Knabberspaß für zwischendurch.

Blättermagen

Der Blättermagen – auch Psalter genannt – folgt bei den vier Mägen des Rindes hinter Pansen und Netzmagen. Seinen Namen verdankt er den im Inneren ausgebildeten etwa 100 Schleimhautfalten, die im getrockneten Zustand wie aufgeblättert aussehen. Futter von Wiederkäuern, das hier landet, ist noch feiner aufgeschlüsselt und dadurch für den Hund noch besser verwertbar. Er ist nahezu fettfrei und wird von Hunden gern gefressen. Gewöhnen muss man sich bei Pansen und Blättermagen allerdings an den wirklich speziellen Geruch. Mein Mann hat diesen einmal sehr treffend als »Mischung aus Erbrochenem und Kuhstall« beschrieben.

Knochen – gesund oder gefährlich?

Wieder so ein Thema, an dem sich die Geister scheiden. Viele Hundehalter würden ihren Hunden zwar gerne Knochen füttern, befürchten aber, dass sich ihr Tier an scharfkantigen und splitternden Knochenstücken verletzen könnte. Diese Befürchtungen haben durchaus ihre Berechtigung, besonders wenn gekochte, gebratene oder gegrillte Knochen angeboten werden. Hitze lässt Knochen porös und brüchig werden, sodass sie sehr leicht splittern. Röhrenknochen von Geflügel sind hier ganz besonders gefährlich.

Wenn schon Knochen, dann also rohe, frische und fleischige Exemplare direkt vom Metzger oder aus dem BARF-Shop. In Plastik eingeschweißte und dann vakuumverpackte Knochen braucht niemand! Knochen vom Rind, Lamm oder Wild sind zur Rohfütterung geeignet, zum Schutz vor dem Aujeszky-Virus sollte man grundsätzlich keine rohen Haus- oder Wildschweinknochen füttern.

INFO: Im Fachhandel werden Knochen vom Serrano-Schinken als besondere Delikatesse für unseren vierbeinigen Freund angeboten. Da Serrano-Schinken jedoch vom Schwein stammt und nur luftgetrocknet wird, ist er eine potenzielle Infektionsquelle für das Aujeszky-Virus. Also: Hände weg davon!

Einem Hund, der nur Trockenfutter gewöhnt ist, einen großen Knochen anzubieten, ist keine gute Idee. Der Magen dieses Tieres ist gar nicht mehr auf die Verdauung von Knochen eingestellt. Die Verdauungssäfte könnten den Kalk gar nicht mehr zersetzen. Unverdauter Kalk aus Futterknochen kommt als weißer, steinharter sogenannter Knochenkot wieder heraus. Das Absetzen gelingt nur unter sehr schmerzhaftem Pressen, wobei es zu schlimmen Verletzungen der Darmwände oder zu einer Totalblockade des Verdauungstraktes kommen kann. Da Knochen jedoch eine wertvolle Kalziumquelle sind, sollte man diese auf ungefährliche Weise in die Fütterung einbeziehen, beispielsweise durch das Füttern von gut verdaulichen rohen Hühner- oder Putenhälsen, die nicht splittern und leicht zu zerbeißen sind. Noch bequemer und ungefährlicher lässt sich das Futter mit gemahlenen Rindfleischknochen anreichern. Dieses sogenannte Fleischknochenmehl enthält auch einen Anteil an Haaren des Beutetiers, welche vorbeugend gegen Würmer sind.

Eine selbst gekochte Knochenbrühe (siehe Rezeptteil) ist eine ideale Grundlage für selbstgemachtes Hundefutter. Man kann darin z.B. Gemüse einweichen oder sie dem Futter »zum Verlängern« beigeben.

Milch und Milchprodukte

Der Hund ist nicht unbedingt auf eine Ergänzung seines Speiseplans mit Milchprodukten angewiesen. Joghurt, körniger Frischkäse oder Quark werden jedoch im Allgemeinen sehr gerne gefressen und wirken sich positiv auf die Darmflora des Hundes aus. Diese Produkte enthalten kaum Milchzucker (Laktose), der zu Durchfall führen könnte. Kleine Würfelchen von mittelaltem Gouda, Schafskäse oder Harzer Käse eignen sich außerdem als kohlenhydratfreie Leckerlis.

Die alte Leier: Keine Eier?!

Was macht ein Wolf, der das Nest eines Bodenbrüters findet? Richtig, er frisst alle darin enthaltenen Eier auf: ganz, ungekocht und mit Schale. Das ist die Antwort auf die Frage, ob Hunde Eier fressen dürfen. Eier sind wertvolle Nährstofflieferanten und dürfen daher zwei- bis dreimal pro Woche verfüttert werden. Dass die Eier nicht aus Käfighaltung stammen und die Eierschalen frei von Dreck und Kotresten sein sollten, versteht sich von selbst. Eierschalen sind gute Kalziumlieferanten und viel zu schade zum Wegwerfen.

Ob Eier nun roh oder gekocht verfüttert werden sollen, ist wieder Gegenstand heftiger Diskussionen in Internetforen. Rohes Eiklar enthält einen Stoff namens Avidin, der die Aufnahme von Biotin (Vitamin H) aus der Nahrung erschwert, und einen Trypsinhemmstoff, der die Eiweißverdauung stört. Gut, dass der Wolf von all diesen wissenschaftlichen Details nichts weiß! Mein eigener Hund hatte noch nie Probleme deswegen. Wenn Sie aber auf Nummer sicher gehen wollen, gilt die Parole: Einfach Eigelb und Eiklar trennen und letzteres erhitzen.

Obst, Gemüse und Kräuter

Pflanzliche Futterbestandteile gehören für den Hund unbedingt zu einer artgerechten Ernährung. Dabei ist jedoch darauf zu achten, dass die verfütterten Nahrungsmittel stärkearm und glutenfrei sind. Brot und stärkereiches Getreide stehen auch bei der Low-Carb-Ernährung für Hunde nicht auf dem Speiseplan. Kartoffeln können ab und zu in kleiner Menge mit verfüttert werden. Reis enthält sehr viele Kohlenhydrate und sollte nur in geringen Mengen oder zusammen mit Geflügel – etwa als Schon-

kost nach einer Durchfallerkrankung – verfüttert werden. Sie können Ihrem Hund auch durchaus Obst anbieten. Wenn er es mag, darf er dies ruhig fressen. Die meisten Hunde sind davon aber nicht sonderlich begeistert. Aber Achtung: Weintrauben und Rosinen sind davon ausgenommen. Sie dürfen auf keinen Fall verfüttert werden, da sie zu Nierenversagen führen können. 10 bis 30 Weintrauben oder 50 Rosinen können bei einem fünf Kilogramm schweren Hund bereits zu schweren Schäden führen. Steinobst ist natürlich nur entkernt anzubieten.

Avocados dürfen ebenfalls nicht an Hunde verfüttert werden. Der darin enthaltene Stoff Persin hat auf den Menschen keinen negativen Einfluss, wirkt aber bei vielen Haustieren wie ein Giftstoff, der zu erhöhter Herzfrequenz und Herzmuskelschäden führen kann.

Zwiebeln sind für Hunde in jeglicher Form ungeeignet. Darin enthaltene Schwefelverbindungen zerstören die roten Blutkörperchen, und es kann in der Folge zu einer lebensbedrohlichen Blutarmut kommen. Schon fünf Gramm Zwiebeln pro Kilogramm Körpergewicht können zu ernsthaften Beschwerden führen. Derartige Schwefelverbindungen sind auch im Knoblauch enthalten. Gerne wird empfohlen, diesen gegen Parasiten wie Zecken, Flöhe oder Würmer unter das Futter zu mischen. Da die kritische Dosis für Knoblauch bisher unbekannt und auch rasseabhängig ist, sollte man sicherheitshalber auf die Verfütterung verzichten.

Kohlgemüse und Hülsenfrüchte wie Linsen, Bohnen oder Kichererbsen dürfen nur gründlich gekocht verfüttert werden. Man sollte sie zusätzlich sehr gut pürieren, um dem Hund die Verdauung zu erleichtern. Gute Erfahrungen machen die meisten Hundehalter mit geraspelten Möhren, die

man getrocknet im Tierfutterbedarf erstehen kann und nur noch in Wasser einweichen muss. Manche Hunde knabbern auch gerne wie an einem Knochen an rohen Möhren herum und können sich gut damit beschäftigen.

Bei der Fütterung beliebt sind auch Mischungen aus granuliertem und getrocknetem Gemüse und Obst, z.B. Möhren, Sellerie, Rote Bete, Pastinake, Hagebuttenschalen und Apfelstückchen. Besonders übergewichtige Hunde profitieren sehr von dieser kalorienarmen und magenfüllenden Beifütterung. Vermischt mit Fleisch und einem großen Esslöffel Kräuter der Provence, erhalten Sie ein schmackhaftes, schnell zubereitetes und artgerechtes Futter.

Falls Sie in der freien Natur selbst Kräuter sammeln möchten, sind gute botanische Kenntnisse unabdingbar. Sonst kann sich schnell mal eine Giftpflanze in das Kräuterbouquet verirren. Pflanzen sollten auch immer in großer Entfernung von Straßen oder Industriegebieten gesammelt werden. Die Schadstoffbelastung ist sonst einfach zu groß. Sammeln Sie auch keine Pflanzen von Feldern, die mit Gülle oder Kunstdünger behandelt wurden.

Kräuter lassen sich vortrefflich im Blumentopf oder auf der Fensterbank selbst anbauen. Am bequemsten ist es aber tatsächlich, entsprechende Produkte aus dem Hundefachhandel zu verwenden, die aus ganz unterschiedlichen getrockneten Heil- und Gewürzkräutern bestehen und herrlich duften.

Sojaprodukte

Der Zusatz von Sojaprodukten in der Ernährung von Hunden ist sehr umstritten. Soja weist ein hohes allergisches Potenzial auf und wird von vielen Tieren nicht gut vertragen. Dies gilt auch für verarbeitete Sojaprodukte wie Tofu, einem weißen Sojabohnenteig aus Sojamilch. Selbst die Tierschutzorganisation PETA, die dafür plädiert, auch Fleischfresser wie Hund und Katze vegetarisch zu ernähren, rät dazu, maximal zehn Prozent des Futters durch Sojaprodukte zu ergänzen. Ich selbst verfüttere Sojaprodukte bei meinem Tier grundsätzlich nicht.

Algen

In der asiatischen Küche hat der Verzehr von Algen eine lange Tradition. Sie werden dort vielseitig verwendet, dienen in Suppen als Gemüsebeilage oder werden sogar zu Salaten verarbeitet. Der Verzehr von Algen wird auch in Deutschland immer populärer. Spätestens im Sushirestaurant macht man mit ihnen Bekanntschaft. Um Fisch und Reis zu Sushirollen zu formen, verwendet der Japaner Nori, eine Rotalge aus dem Meer. Essbar sind Braun-, Rot- und Grünalgen. Die Braunalge Wakame kennt man z. B. als Einlage in der Misosuppe.

Meeresalgen sind eine wertvolle Jodquelle. Der Riesenseetang Kelp hat daher auch Einzug in die Menschen- und Hundeernährung gehalten. Jod benötigen Mensch und Hund zur Bildung von Schilddrüsenhormonen. Steht bei der Fütterung Ihres Hundes nur selten Seefisch auf dem Programm, kann gemahlenes Seealgenmehl ein- bis zweimal pro Woche zur Deckung des Jodbedarfes zum Futter gegeben werden. Vorsicht ist allerdings bei Hunden mit einer bekannten Überfunktion der Schilddrüse geboten. Hier ist von einer zusätzlichen Jodversorgung abzusehen. Hunde mit einer Schilddrüsenüberfunktion (Hyperthyreose) haben ständige Fresslust, sind dabei aber sehr dünn, weil ihr Stoffwechsel auf Hochtouren läuft. Die Körpertemperatur solcher Hunde ist ständig erhöht, der Puls rast, das Tier ist unruhig und nervös. Eine Überfunktion der Schilddrüse kann durch eine einfache Blutuntersuchung beim Tierarzt abgeklärt werden.

Süßwasseralgen wie Chlorella und Spirulina enthalten kein Jod und können daher auch Hunden mit Schilddrüsenüberfunktion gegeben werden. Sie haben eine hohe Bindungsfähigkeit für Schwermetalle und Toxine und werden daher gerne zur Entgiftung empfohlen. Als Pellets oder Pulver können Chlorella oder Spirulina kurmäßig für ein bis zwei Wochen dem Futter zugesetzt werden. Dies ist ganz besonders sinnvoll nach Wurmkuren, Flohbehandlungen, Impfungen und Narkosen.

Blaualgen sind gar keine Algen, sondern sogenannte Cyanobakterien. Sie sind nicht einmal mit Algen verwandt. Bei hohen Temperaturen können sie sich in nährstoffreichen Gewässern sehr stark vermehren. Sie produzieren gefährliche Giftstoffe. Hunde, die dieses belastete Wasser trinken, können daran sterben. Schon die Aufnahme geringer Mengen kontaminierten Wassers können Vergiftungserscheinungen auslösen. Lassen Sie Ihren Hund also während der Sommermonate nur aus ganz sauberen Teichen oder Tümpeln trinken.

Nüsse

Nüsse spielen in der Low-Carb-Ernährung für Menschen eine große Rolle. Bei Hunden wird allerdings oft gewarnt. Dies gilt in erster Linie für Macadamianüsse. Das Verfüttern von nur vier Macadamianüssen kann bei einem 15 Kilogramm schweren Hund bereits zu Steifheit, Problemen beim Laufen und zu Leberschädigungen führen. Es ist leider nicht bekannt, welcher Inhaltsstoff der Macadamianüsse genau diese Probleme auslöst. Unter diesen Umständen kann ich gut verstehen, dass Menschen beim Verfüttern von Nüssen generell zurückhaltend sind. Häufig ist auch zu lesen, Walnüsse seien für Hunde toxisch. Dies ist so nicht korrekt. Toxisch ist nicht der eigentliche Nusskern, also die Frucht, die man üblicherweise isst. Vielmehr stecken die Walnüsse in fleischigen grünen Fruchtschalen, die von einem geistbildenden Pilz namens Penicillium crustosum befallen sein können. Dieser bildet den Giftstoff Roquefortin C, der, wenn er von Hunden aufgenommen wird, zu stärksten Vergiftungserscheinungen mit epilepsieähnlichen Anfällen führen kann.

Da man nie wissen kann, ob bei der Ernte oder dem Abfüllen von Walnüssen das Pilzgift auf die Frucht gelangt ist, verfüttere ich grundsätzlich keine Walnüsse an meinen Hund. Walnussbäume sind in Deutschland zwar nicht häufig, kommen aber durchaus vor. Achten Sie also unbedingt darauf, dass ihr Hund keine Früchte davon ins Maul nimmt oder gar zerkaut.

Haselnüsse, Mandeln und Erdnüsse können bei Hunden, die zu allergischen Reaktionen neigen, Probleme verursachen. Auch Menschen kennen die Problematik, dass nach dem Verzehr von frischen Nüssen der Hals von innen juckt und anschwillt. Wenn die Nüsse erhitzt wurden, z.B. in einem Kuchen, können viele diese aber wieder gut vertragen. Letztendlich muss man einfach ausprobieren, ob der Hund sie verträgt oder nicht.

Samen

Sesamsaat, Sonnenblumenkerne, Chiasamen oder Flohsamen dürfen dem Hundefutter in kleinen Mengen zugesetzt werden. Da letztere stark quellen, erhöhen sie den Ballaststoffanteil und können das Kotabsetzen erleichtern. Es ist aber kein Problem, wenn der Kot eines Hundes auch einmal ein wenig fester ist. Im Gegenteil: Das Pressen hilft auf ganz natürliche Weise, die Analdrüsen zu entleeren.

Schokolade – pures Gift für den Hund

Kakao enthält den mit Koffein verwandten Wirkstoff Theobromin. Er kann vom Hund nicht abgebaut werden und ist bereits ab einer Dosis von 100 Milligramm pro Kilogramm Körpergewicht tödlich. Eine halbe Tafel dunkler Schokolade reicht also aus, um einen mittelgroßen Hund ins Jenseits zu befördern. Bewahren Sie Schokolade also unbedingt außerhalb der Reichweite Ihres Tieres auf. Sollte Ihr Hund Schokolade stibitzt und gefressen haben, suchen Sie umgehend einen Tierarzt auf.

Zucker und Honig

Zucker ist in der Ernährung eines Hundes strikt zu meiden. Er schädigt nachweislich Zähne und Bauchspeicheldrüse, zerstört schleichend Gelenke und Blutgefäße und macht den Hund dick und krank. Leider ist auf den Etiketten der Futtermittel selten der Begriff »Zucker« vermerkt. Sonst wäre es verhältnismäßig einfach, ihn zu meiden. Nur zu gerne wird der Zuckergehalt eines Produktes vor dem Verbraucher versteckt. Stattdessen findet man Begriffe wie Saccharose, Glukose, Fruktose, Glukosesirup, Maltodextrin, Maltose, Laktose, Invertzucker usw. Als Faustregel können Sie sich merken: Alles, was mit der Silbe »-ose« endet, ist ein Zucker, und je weiter vorne der Inhaltsstoff auf der Zutatenliste steht, desto mehr davon ist in einem Lebensmittel enthalten. Kaufen Sie für Ihren Hund grundsätzlich nichts, in dem Zucker enthalten ist. Auch Honig ist keine Alternative. Honig ist lediglich ein Gemisch aus Fruktose (Fruchtzucker) und Glukose (Traubenzucker) und für den Hund genauso schädlich wie normaler Zucker.

Hunde verspüren eigentlich gar kein Verlangen auf Süßes. Mit einem Happen Käse oder Blutwurst als Belohnung sind sie viel glücklicher. Geschickt überträgt die Werbung hier die Vorliebe für Süßigkeiten von Herrchen oder Frauchen auf den Hund, frei nach dem Motto: »Was mir schmeckt, schmeckt Bello auch!« Ein strategisch cleverer Schachzug und ein Schelm, wer Böses dabei denkt!

Xylit – tödliche Gefahr

Der Zuckeraustauschstoff Xylit, auch als Birkenzucker, Xylitol oder Xucker bekannt, hat in Deutschland in den letzten Jahren einen Siegeszug angetreten. Er bietet eine schmackhafte Alternative zu Zucker und hat vergleichbare Koch- und Backeigenschaften. Er ist in vielen zahnfreundlichen Süßigkeiten, vor allem in Kaugummis, enthalten. Auch Zahncremes oder Mundspüllösungen enthalten Xylit.

Die Aufnahme von Xylit führt bei Hunden – im Gegensatz zum Menschen – zu einer enormen Insulinausschüttung aus der Bauchspeicheldrüse. In der Folge kommt es zu einem dramatischen Abfall des Blutzuckerspiegels und einer lebensgefährlichen Unterzuckerung. Xylit steht ebenfalls im Verdacht, schwere Leberschäden bei Hunden auszulösen.

Sollte Ihr Hund Speisen oder Produkte mit Xylit verzehrt haben, sollten Sie umgehend einen Tierarzt aufsuchen. Jedes Warten bringt Ihren vierbeinigen Liebling in akute Lebensgefahr. Schon drei Gramm Xylit können für einen Hund mit 30 Kilogramm Körpergewicht tödlich sein. Der Tierarzt wird den Hund wahrscheinlich zum Erbrechen bringen, den Blutzuckerspiegel überwachen und zuckerhaltige Infusionen verabreichen.

Wasser

Hunde benötigen täglich etwa 40 bis 70 Milliliter Wasser pro Kilogramm Körpergewicht. Bei hohen Außentemperaturen, extremer Aktivität und bei der Gabe von Trockenfutter trinkt ein Tier natürlich mehr als bei der Verfütterung von Feuchtfutter. Am liebsten mögen Hunde leicht saures Wasser, wie es in Pfützen aus Regenwasser zu finden ist. Die darin enthaltenen Bakterien schaden dem Hund theoretisch nicht, problematisch können aber im Wasser enthaltene Umweltschadstoffe sein.

Wenn Sie die Gelegenheit haben, sauberes Regenwasser aufzufangen, wird sich der Hund darüber freuen. Mit zwei Tropfen Apfelessig auf ein Liter Wasser lässt sich die Bereitschaft zum Wassertrinken verbessern. Trinken Hunde bei unverändertem Futterverhalten und normalen Außentemperaturen plötzlich sehr viel mehr als sonst, ist das ein Warnsignal. Besonders bei übergewichtigen Hunden kann ein Diabetes dahinterstecken. Gehen Sie in einem solchen Fall daher unbedingt zum Tierarzt, um ihr Tier untersuchen zu lassen.

Dem Hund sollte grundsätzlich immer Wasser zur freien Verfügung stehen. Es darf niemals rationiert werden. Es muss aber auch bedacht werden, dass das Trinken von sehr großen Wassermengen auf einmal ebenfalls zu einer Magendrehung wie auf Seite 10 beschrieben führen kann. Achten Sie daher darauf, dass Ihr Hund auch bei großem Durst mehrere kleine Portionen trinkt.

Vollkommen unnötig ist der Einsatz spezieller Elektrolytgetränke für Hunde, die im Handel angeboten werden. Beworben werden sie zur »Verbesserung des Trinkverhaltens«. Dies ist reine Geschäftemacherei. Neben etwas Kochsalz (Natriumchlorid), Aromastoffen und einigen anderen Mineralstoffen wie Magnesium, Kalium oder Phosphor enthalten sie unter anderem Dextrose, also Traubenzucker. Hunde, die oft Durchfall haben damit zu »behandeln«, ist fahrlässig. Der Gang zum Tierarzt ist unerlässlich. Durchfall, der länger als 24 Stunden anhält, ist aufgrund des Wasserverlustes für den Hund sehr gefährlich und kann zu lebensbedrohlichen Herzrhythmusstörungen führen. Ihr Tierarzt verabreicht Ihrem Hund dann eine Infusion, um den Wasser- und Elektrolytverlust wieder auszugleichen.

Artgerechte Hundeernährung auf einen Blick

Ja, bitte!	Nein, danke!
Milchprodukte	
Körniger Frischkäse (Hüttenkäse), Buttermilch, Naturjoghurt, Quark, Käse aus Kuhmilch, Schafsmilch, Ziegenmilch, Harzer Käse	Milch (wegen Laktose)
Süß- oder Salzwasserfische	
Gekocht oder gedörrt, roh nur ganz frisch	Fisch mit vielen Gräten
Fleisch	
Rind, Kalb, Pferd, Lamm, Reh, Hirsch, Rentier, Schaf, Lamm, Ziege, Kaninchen: roh, gekocht oder gedörrt	Rohes oder luftgetrocknetes Fleisch vom Haus- oder Wildschwein (Aujeszky-Virus)
Geflügel	
Huhn, Pute, Gans, Ente, Truthahn, Strauß: gekocht oder gedörrt, roh nur ganz frisch	Gekochte Geflügelknochen
Innereien	
Herz, Leber, Blättermagen, grüner Pansen, Milz	Nieren: Verfütterung möglich, aber der Uringeruch ist für den Halter nicht angenehm, die Nieren müssen vor Verarbeitung lange gewässert werden
Wurst	
Als Hundeblutwurst zu kaufen, »normale« Fleischwurst als besonderes Leckerchen, Leberwurst selbst herstellen (Rezept Seite 45)	Wurst, die für den menschlichen Verzehr gedacht ist (zu viel Salz)
Knochen und Knorpel	
Nur roh füttern, z. B. Beinscheibe, Ochsenschwanz, Hühner- und Putenhälse **Sehr gut geeignet:** Fleischknochenmehl	Gekochte oder gebratene Knochen. **Splittergefahr!** **Achtung:** Knochen vom Serano-Schinken stammen vom Iberischen Schwein (Aujeszky-Virus)

Ja, bitte!	Nein, danke!
Gemüse	
Gekocht oder gedämpft: Blumenkohl, Kohlrabi, Wirsing, Zucchini, Möhren, Kartoffeln, Süßkartoffeln, Mais, Erbsen, Bohnen, Spargel, Champignons, Rote Bete **Roh oder als Pellets:** Kopfsalat, Eisbergsalat, Feldsalat, Spinat, Gurke, Zucchini, Möhren, Kohlrabi, sehr reife rote Tomaten (oder Tomatenmark) Gemüse kann auch als »grüner Smoothie« über das Essen gegeben werden	Bei übergewichtigen Hunden wenig Mais und Kartoffeln (viele Kohlenhydrate) **Avocado: giftig für Hunde** Artischocken oder Auberginen, Zwiebeln, Knoblauch, Bärlauch, Rettich, Peperoni, Radieschen (zu scharf), Paprika nie roh, keine grünen Tomaten **Sojaprodukte:** Sojabohne, Sojamehl, Tofu (hohes Allergiepotenzial!), maximal zehn Prozent des Futters, besser ganz weglassen
Kräuter	
Frisch aus dem Supermarkt oder aus Eigenanbau, getrocknet als Kräuter der Provence oder als Kräutermischung aus dem Hundefutterfachhandel	Selbst gesammelte Wildkräuter: wegen Schadstoffen und Verwechslungsgefahr mit Giftpflanzen
Algen	
Meeresalgen als Futterzusatz und gute Jodquelle erlaubt (z. B. Seetang, Kelp), Süßwasseralgen wie Chlorella und Spirulina kurmäßig zur »Entgiftung«	Meeresalgen bei Schilddrüsenüberfunktion (zu viel Jod!)
Obst	
Äpfel, Birnen, Erdbeere, Himbeere, Brombeere, Pflaumen, Feigen, Kiwi, Mango (Akzeptanz individuell, evtl. als »Smoothie« über das Futter geben)	**Obst mit Kern(en): Blausäure** **Trauben und Rosinen: giftig für Hunde**

Ernährungspyramide für den Hund

Die Basis (Stufe 1) der Low-Carb-Hundeernährung bilden hochwertiges Fleisch (auch Geflügel und Innereien) und Fisch mit einem Schuss guter Öle oder Kokosfett zu jeder Mahlzeit.

Diese Zutaten werden mit Gemüse (Stufe 2) vermengt. Akzeptiert ein Hund Obst, so darf es ihm (außer Trauben und Rosinen) ebenfalls angeboten werden.

Produkte von Stufe 3 sollten nur in kleinsten Mengen zugefüttert werden (z. B. in Form einer Reismahlzeit nach einer Durchfallerkrankung).

Herkömmliche »Leckerlis« und Billigfutter (Stufe 4) enthalten viel Zucker und fragwürdige Zusatzstoffe. Davon sollten Sie so wenig wie möglich verfüttern!

Wie man die einzelnen Komponenten zu köstlichen Gerichten verarbeitet, erfahren Sie im Rezeptteil ab Seite 42.

Wie viel Fressen braucht mein Hund?

Viel weniger als Sie denken! Wenn Sie nicht gerade einen Husky haben, der täglich Ihren Schlitten zieht oder einen Border Collie, der Ihre Schafherde zusammentreibt, braucht Ihr Hund keine Riesenportionen. Tiere im Wachstum, trächtige oder säugende Hündinnen benötigen mehr Futter als der ausgewachsene »Normalhund«. Ältere Hunde haben generell einen niedrigeren Energiebedarf als jüngere Tiere.

Auch wenn die Portionsgröße für einen Schäferhund natürlich größer ist als die für einen Yorkshire Terrier, steigt diese nicht um ein Vielfaches. Über den Daumen gepeilt können für einen ausgewachsenen, normal aktiven Hund zwei bis drei Prozent des Körpergewichts als Futtermenge veranschlagt werden. Pro Kilogramm Körpergewicht erhält das Tier also 20 bis 30 Gramm Nahrung, für einen 25 Kilogramm schweren Hund wären das somit 500 bis 750 Gramm Futter pro Tag.

Hersteller von Fertigfutter geben meist hohe Tagesrationen für ihre Produkte an. Da fast alle Hunde zusätzliche Leckerchen und Belohnungen erhalten, ist dies oft zu viel für das Tier. Übergewichtige Hunde sollten also deutlich weniger erhalten, als auf den Packungen angegeben ist.

Leckerlis – der Anfang allen Übels

Kennen Sie diese Menschen, die immer und überall einen kleinen Proviant dabei haben und ständig etwas zum Kauen im Mund? Oftmals sind diese Menschen übergewichtig. Parallelen dazu sind auch beim Hund zu beobachten. Es gibt Hunde, die ununterbrochen ohne Gegenleistung »Leckerlis« erhalten, einfach fürs Existieren oder weil »Waldi« halt so niedlich ist. Die Futtermittelindustrie hat zur Befriedigung dieses Snackbedarfes eine riesige Angebotspalette entwickelt. Ganz gezielt gibt es »Gesundes für unterwegs« oder »Leckerlis to go«. Ein Riesengeschäft mit vielen (Zusatz-)Kalorien!

Besonders fatal ist die üble Angewohnheit mancher Hundehalter, fremde Hunde unaufgefordert mit Leckerlis zu versorgen. Unterbinden Sie dies unbedingt! Nicht nur, dass Ihr Hund nicht von irgendjemandem irgendetwas zu futtern bekommen sollte, er sollte Leckerchen ausschließlich aus Ihrer Hand und nur als Belohnung für etwas erhalten, was er gut und richtig getan hat. Aufgrund von Futterneid gibt es bei dieser sinnlosen Kaloriendusche außerdem häufig Beißereien unter Hunden, denen man beim Spazierengehen begegnet. In der zufällig zusammenkommenden Hundemeute gibt es keine Rangordnung. Dominante Hunde sorgen daher erst einmal dafür, dass die schwächeren Artgenossen in ihre Schranken gewiesen werden. Das ist ein normales hündisches Verhalten, kann Ihnen aber jede Menge Ärger mit unkundigen Tierhaltern einbringen.

Für Hunde sind Leckerlis in mehrfacher Hinsicht ein Problem. Fast alle Fertigprodukte enthalten Zucker, der sehr schlecht für die Zähne ist. Um Zucker zu verarbeiten,

benötigt der Körper des Hundes außerdem das Hormon Insulin aus der Bauchspeicheldrüse. Eine »Kohlenhydratmast« bedeutet für die Bauchspeicheldrüse aufgrund ständiger Insulinproduktion Dauerstress. Häufig spuckt die überforderte Bauchspeicheldrüse zu große Mengen Insulin aus und der Hund unterzuckert daraufhin. Instinktiv wird dann penetrant gebettelt, so lange, bis Bello wieder etwas bekommt. Der Blutzucker steigt erneut stark an und wieder muss die Bauchspeicheldrüse Insulin produzieren. So lebt unser Hund auf einer ständigen »Blutzuckerachterbahn«, was ihn langfristig dick und krank macht. Es ist, als würden Sie ununterbrochen Bonbons in ihn hineinstopfen.

INFO: Honig in Leckerlis wird gerne als natürliche und ungefährliche Alternative zu Zucker propagiert. Honig lockt aber genauso viel Insulin aus der Bauchspeicheldrüse und ist genauso schlecht für die Zähne wie normaler Haushaltszucker.

Leckerlis im Rahmen des Hundetrainings, um den Hund in seinem gewünschten Verhalten positiv zu bestärken, sollten unbedingt kalorien- und kohlenhydratarm sein. Dazu geeignet sind z. B. gewürfelter Harzer Käse, gedörrter Fisch, getrocknete Rinderlunge oder kleine frische Möhrenstückchen. Tiere ohne Gewichtsprobleme dürfen im Training natürlich auch gerne kleine Stückchen Fleischwurst bekommen. Unterschätzt werden darf beim Üben mit dem Hund nicht das gesprochene Wort. Loben Sie Ihren Hund direkt beim Verfüttern des Leckerbissens mit freundlicher hoher Stimme, tadeln Sie ihn mit dunkler Stimme und einem klaren »Nein« oder »Tabu«. Die Belohnung muss unbedingt zeitgleich mit dem Lob kommen, damit der Hund die Verknüpfung richtig versteht. Wenn Sie erst nach dem Leckerchen kramen müssen, hat der Hund schon vergessen, worum es eigentlich geht.

Selbst gemachte Leckerlis

Im Rezeptteil finden Sie einige Rezepte für kohlenhydratarme Hundekekse, die leicht nachzubacken sind. Für Menschen, die kohlenhydratarm leben, eignen sich diese Plätzchen genauso als Schmankerl. Machen Sie also ruhig die doppelte Menge Teig und fügen Sie in der, für den Menschen bestimmten Hälfte, lediglich noch etwas Salz oder andere Gewürze zu.

Auch mittels eines Dörrautomaten (z.B. Fa. Rommelsbacher DA 750) lassen sich ganz wunderbare selbst gemachte kohlenhydratarme Leckereien für Mensch und Tier zaubern. Trocknen und Dörren sind die ältesten Konservierungsverfahren der Menschheit. Mittels Dörren wird Lebensmitteln das darin enthaltene Wasser so weit entzogen, dass Bakterien oder Schimmelsporen sich nicht mehr darauf vermehren können. Gedörrte Lebensmittel sind monatelang haltbar. Sie schmecken sehr intensiv, da die Aromastoffe konzentriert wurden.

Gedörrt wird über einen Zeitraum von mehreren Stunden bei mäßigen Temperaturen von 40 bis 50 °C. So bleiben auch Vitamine, Nährstoffe und Mineralien erhalten. Zum Dörren eignen sich sowohl Gemüse (z.B. Zucchini- oder Karottenscheiben), aber auch fettarmes Rindfleisch oder Fisch. Auch hier kann man wieder für das gesamte »Familienrudel« dörren und lässt beim Hund nur die Gewürze weg.

Unbedingt selber kochen?

Falls Sie keine Zeit oder Lust haben, extra für den Hund zu kochen, sind Reinfleischdosen aus dem Futterfachhandel eine gute Alternative. Wie der Name schon sagt, enthalten sie reines Fleisch vom gesamten Tier, ohne irgendwelche Zusätze von Gemüse oder Kräutern. Diese muss man dann nur noch zusetzen und ein gutes Fett ergänzen. Das macht kaum Mühe. Der Aufwand hält sich in Grenzen, das Ganze ist nicht besonders geruchsintensiv und man hat trotzdem ein vollwertiges, artgerechtes und abwechslungsreiches Futter.

Füttern – wann, wie oft und wo?

Der in Freiheit lebende Wolf hat keine festen Futterzeiten. Er frisst, wenn er etwas zwischen die Reißzähne bekommt. Hunger ist ihm wohl vertraut. Deswegen ist es eigentlich absurd, einen Hund täglich zur gleichen Zeit zu füttern. Dennoch sollten wir es tun, denn es erleichtert unseren Alltag als Hundehalter unter anderem deshalb, weil wir durch gleiche Fütterungszeiten ungefähr abschätzen können, wann das Gefütterte wieder aus unserem Haustier herauskommt. Ein Hund, der in der Wohnung gehalten wird, sollte keine Not dadurch haben, weil er das Kotabsetzen zurückhalten muss.

Sehr verfressene Hunde profitieren davon, zweimal täglich gefüttert zu werden. Übrigens: Auch Hunde kann man mit psychologischen Tricks beeinflussen. Legen Sie die Futterration in eher kleine Futtertröge, dadurch wirkt die Portion größer.

Der Hund sollte beim Fressen seine Ruhe haben dürfen. Hält man mehrere Hunde, sind diese einzeln mit separaten Näpfen zu füttern. Nur Sie als ranghöchstes Tier des Rudels dürfen dem Hund das Fressen wegnehmen. Tun Sie dies immer wieder einmal, um die Hierarchie im Rudel zu verdeutlichen.

Futterumstellung

Eine Umstellung des Futters ist für einen Hund, der jahrelang tagtäglich das gleiche Industriefutter gefressen hat, eine gravierende Veränderung. Um dem Tier die Umstellung zu erleichtern, sollte man das gewohnte Futter über einige Tage immer stärker mit den neuen, ungewohnten Futterelementen vermischen. Gemüse sollte leicht blanchiert und püriert mit dem bekannten Futter vermischt werden. Dabei sollten leicht verdauliche Fleischsorten wie Huhn oder Rind anfangs bevorzugt verfüttert werden. Besonders umsichtig sollten Sie bei der Steigerung der Fettmenge sein.

Fettarm ernährte Hunde reagieren besonders sensibel darauf. Ihnen kann bei zu viel Fett auf einmal so übel werden, dass sie sich erbrechen müssen. Starten Sie also mit kleinen Mengen zusätzlichem Fett und steigern Sie die Dosis vorsichtig und sensibel, bis Sie die gewünschte Menge erreicht haben.

Woran merkt man, dass man alles richtig macht?

Diese Frage ist schnell und einfach beantwortet. Sie machen alles richtig, wenn Ihr Hund ein fröhliches, vitales und gut gelauntes Wesen ist, das Sie liebt und mit Ihnen durch dick und dünn geht.

Man sieht und spürt, ob es einem Hunde gut geht! Ein artgerecht ernährter Hund hat ein glänzendes Fell, kräftige Zähne und stinkt nicht aus dem Maul. Er hat weder Durchfall noch zu festen Kot und keine Analdrüsenentzündung.

Zur artgerechten Haltung eines Hundes gehört aber auch viel Bewegung. Einen Hund nach allen Regeln der modernen Ernährungsmedizin zu füttern, dann aber nur zweimal täglich 15 Minuten Gassi zu führen, ist nicht zielführend.

Bevor man sich einen Hund anschafft, sollte man sich genau überlegen, welche Rasse zu einem passt. Es gibt schließlich Züchtungen mit mehr oder weniger Bewegungsdrang. Und es muss auch nicht immer ein Welpe sein! Ein etwas älterer Hund aus dem Tierheim ist glücklich über ein neues Zuhause und will vielleicht keine drei Stunden täglich mit Ihnen spazierengehen, auch wenn es Ihnen beiden gut täte!

Vertrauen ist gut, Kontrolle ist besser – ab zum Tierarzt

Stellen Sie Ihren Liebling einmal im Jahr dem Tierarzt vor und lassen Sie ein kleines Blutbild machen. Getestet werden sollten Blutzucker-, Leber- und Nierenwerte sowie Schilddrüsenwerte. Lassen Sie den Kot Ihres Hundes regelmäßig auf Würmer kontrollieren. Greifen Sie nur, wenn dieser tatsächlich mit Parasiten befallen ist, zu einer chemischen Wurmkur vom Tierarzt. Der neue Trend, vier- bis sechsmal pro Jahr vorsorglich zu entwurmen, ist meiner Meinung nach eine unnötige Strapaze für das Tier. Wurmmittel belasten die Leber sehr stark. Und Sie nehmen schließlich auch nicht prophylaktisch Antibiotika ein! Vorsicht bei »Spot-on«-Präparaten gegen Zecken und Flöhe, die auf den Nacken des Hundes aufgebracht werden und sich dann im Fell verteilen. Flöhe oder Zecken werden durch den darin enthaltenen Wirkstoff vergiftet. Durch die Haut des Tieres gelangt dieser aber natürlich auch ins Blut des Hundes und belastet ebenfalls die Leber. Solche Präparate sind Gold wert, wenn ein

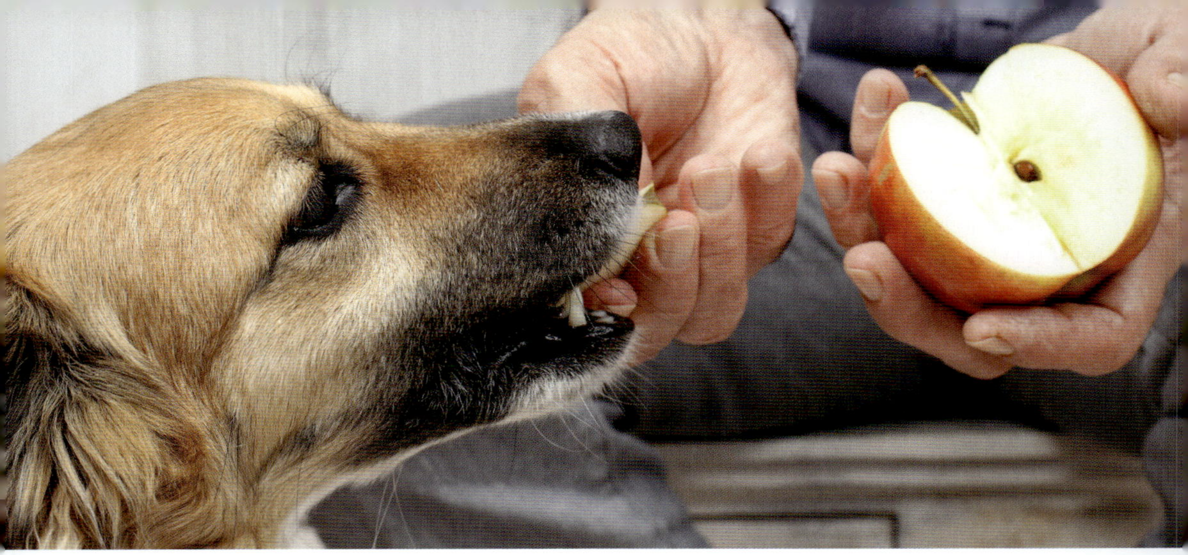

Hund wirklich sehr stark verfloht ist und zudem noch ein zotteliges Fell hat. Sie prophylaktisch einzusetzen ist meiner Meinung nach nicht notwendig. Dank innerer und äußerer Gabe von nativem Kokosfett hatte keiner meiner Hunde bisher auch nur einen einzigen Floh!

Ist Low-Carb-Ernährung für den Hund teuer?

Beim Discounter kann man ein Kilogramm Trockenfutter für Hunde im Angebot schon für ein Euro erstehen. Natürlich wird ein Hund damit satt. Tausende Straßenhunde auf der ganzen Welt würden davon träumen, sich täglich damit die Bäuchlein füllen zu dürfen. Doch wir, in unserer privilegierten Welt, können uns den Luxus erlauben, darüber nachzudenken, wie die bestmögliche Ernährung unseres Hundes aussehen könnte. Eine nährstoffoptimierte Fütterung ermöglicht dem Hund ein langes, schmerzfreies und glückliches Leben.

Wenn man sein Tier wirklich liebt und als Freund und Familienmitglied betrachtet, ist man auch bereit, etwas mehr Geld für ihn auszugeben und Zeit dafür aufzubringen, ihm seine Mahlzeiten selbst zuzubereiten.

Unterm Strich wird man wahrscheinlich sogar Geld sparen, da sich so Kosten für den Tierarzt und Medikamentengaben sparen lassen. Denn ist der Hund einmal ernsthaft erkrankt, entstehen schnell sehr hohe Kosten, die die meisten Tierhalter auch zu zahlen bereit sind. Da ist es doch sicher die bessere Lösung für Herrchen und Hund, prophylaktisch etwas mehr zu investieren und mit einem gesunden und fröhlichen Hund das Rudelleben zu genießen.

Bezugsquellen und weiterführende Links

Websites

- www.pernaturam.de
- www.wolfsmenue.de
- www.barfen.de
- www.guddi-wurst.de
- www.oelmuehle-solling.de
- www.coconutresearchcenter.org

Literaturtipps

- Dr. Bruce Fife, Stopp Alzheimer! Wie Demenz vermieden und behandelt werden kann, systemed Verlag, Lünen
- Dr. Bruce Fife, Stopp Alzheimer! Das Praxisbuch, systemed Verlag, Lünen
- Ulrike Gonder, Das Beste aus der Kokosnuss. Natives Bio-Kokosöl und Bio-Kokosmehl, systemed Verlag, Lünen
- Hans Ulrich Grimm, Katzen würden Mäuse kaufen, Heyne Verlag
- Ulrike Gonder, Kokosöl (nicht nur) fürs Hirn! systemed Verlag, Lünen
- Dr. Nicolai Worm, Glücklich und schlank. Mit viel Eiweiß und dem richtigen Fett. Das komplette LOGI-Basiswissen, systemed Verlag, Lünen
- Ulrike Gonder, Dr. Nicolai Worm, Mehr Fett! Liebeserklärung an einen zu Unrecht verunglimpften Nährstoff, systemed Verlag, Lünen

Kochen für den Hund – Low-Carb-Rezepte

Kochen macht Spaß. Frische und hochwertige Lebensmittel zu einem schmackhaften Gericht zu verarbeiten ist eine schöne Herausforderung, die jede Mühe lohnt. Es ist immer vorteilhaft, wenn man weiß, was man auf dem Teller hat und keinen Zucker oder unerwünschte Zusatzstoffe »untergejubelt« bekommt. Das gilt für Hunde ebenso wie für Menschen.

Aber natürlich soll die Küche für den Hund nicht in Arbeit ausarten. Da ist es praktisch, dass einige der Gerichte sowohl für Sie als auch für Ihren Vierbeiner geeignet sind. Alles besteht ja aus besten Lebensmitteln, nicht aus Schlachtabfällen! Für uns Menschen werden die Gerichte lediglich mit Salz und verschiedenen Gewürzen kräftiger abgeschmeckt.

Knochenbrühe

Eine gute Knochenbrühe kann als Grundlage (Fond) für viele weitere Gerichte verwendet werden. Man kann damit wunderbar getrocknetes Gemüse einweichen oder eine Speise ein wenig »verlängern«. Auch für den menschlichen Verzehr ist Knochenbrühe geeignet und bringt einen besonderen Pfiff an viele Gerichte. Kochen Sie doch einfach gleich für sich mit.

Zutaten:

- **Knochen und Fleischreste wie Sehnen, Knorpel und eventuell auch Haut (beim Metzger fragen)**
- **etwas Obstessig oder Zitronensaft**
- **1 Bündel Suppengemüse**
- **1 EL Kräuter der Provence (oder Pernaturam 30 Kräutergarten)**

Zubereitung:

01 Alle Zutaten zusammen in einen Topf mit kaltem Wasser geben. Etwas Obstessig oder Zitronensaft zugeben, um mehr Mineralstoffe aus den Knochen herauszulösen.

02 Das Ganze ganz langsam aufkochen und dann 2–4 Stunden nur leicht köcheln (simmern) lassen. Falls nötig, etwas Wasser nachgeben. Kräuter zugeben und etwas ziehen lassen. Die Brühe durch ein Sieb passieren und ohne Abdeckung abkühlen lassen. Anschließend portionsweise einfrieren.

03 Auf die gleiche Weise lässt sich auch ein reiner Geflügel- oder Fischfond herstellen.

Hausmacher-Leberwurst für Hunde

Diese Leberwurst ist schnell gemacht und schmeckt köstlich. Auch hier kann das gleiche Rezept für den Menschen verwendet werden. Dann gehört nur etwas Salz hinein. Sie ist pur als »Leckerchen« geeignet, kann zum Verfeinern von Futter benutzt oder zu »Hundeeis« verarbeitet werden. Die Leberwurst lässt sich auch einfrieren.

Zutaten:

- **200 g Schweinebauch**
- **250 g Geflügelleber**
- **20 g Kokosfett**
- **20 g bestes Olivenöl**
- **20 g Rapsöl**
- **1 EL Kräuter der Provence**

Zubereitung:

01 Den Schweinebauch in grobe Stücke schneiden und in einer Pfanne bei niedriger Hitze garen. Das Fleisch sollte nicht bräunen. Die Leber vorsichtig mit Kokosfett anbraten.

02 Alle Zutaten noch warm zusammen in eine Küchenmaschine geben und zu einer homogenen Masse verquirlen.

03 Das Ganze mit Kräutern würzen und portionsweise in kleine Schälchen füllen.

Hundegulasch

Zutaten:

- 500 g Schweinegulasch
- 2 Eierschalen
- 750 g tiefgekühltes Kaisergemüse (Karotten, Blumenkohl, Brokkoli)
- 2 EL natives Kokosnussfett
- 1 EL Olivenöl
- 1 l Wasser
- 1 EL Kräuter der Provence (oder Pernaturam 30 Kräutergarten)

Zubereitung:

01 Gulasch in kleine Stücke schneiden. Eierschalen mit etwas Wasser im Mixer pürieren und alle Zutaten bis auf die Kräuter ca. 30 Minuten gemeinsam kochen.

02 Zum Schluss die Kräuter dazugeben. Mit dem Pürierstab (oder Kartoffelstampfer) eine homogene Masse erzeugen. Portionsweise einfrieren. Für einen 25 Kilogramm schweren Hund wären das etwa drei Portionen.

»Chicken soup for the soul« – Hühnersuppe für das ganze »Rudel«

Was gibt es Schöneres, als für das ganze »Rudel« gemeinsam zu kochen? Allen schmeckt es köstlich, und man muss nur einmal aktiv werden. Hühnersuppe wärmt von jeher Herz und Bauch, beim Menschen wie beim Hund. Ein herrlicher Genuss für alle nach einem langen Spaziergang im Herbst und Winter.

Zutaten:

- 1 großes Suppenhuhn
- 2 l Wasser
- 4 cm frischer Ingwer
- 1 Chinakohl (ca. 1 kg)
- 1 EL Kräuter der Provence
- (Salz, Pfeffer, Currypulver für die Menschen)

Zubereitung:

01 Das Suppenhuhn gründlich säubern und im Ganzen zusammen mit dem Wasser in einen Schnellkochtopf füllen. Mindestens 30 Minuten kochen lassen. Danach das Huhn herausnehmen und das Fleisch von den Knochen ablösen. Alles in mundgerechte Stücke schneiden und in den Suppentopf zurückgeben.

02 Ingwer schälen, Chinakohl putzen und alles in feine Streifen schneiden und zusammen mit den Kräutern in die heiße Brühe geben. Alles noch einmal komplett aufkochen lassen. Damit die Suppe sämiger wird, einen Pürierstab für nur wenige Sekunden hineinhalten. Nun kann die Suppe aufgeteilt werden.

03 Der Teil für die Menschen wird mit Salz, Pfeffer und Currypulver würzig abgeschmeckt, der Teil für den Hund bleibt ungewürzt.

04 Dem Hund lauwarm servieren.

Rinderherzgeschnetzeltes mit gemischtem Gemüse und körnigem Frischkäse

Zutaten:

- 200 g Gemüsemischung »Leipziger Allerlei« aus der Tiefkühltruhe
- 250 g schlachtfrisches Rinderherz (aus dem BARF-Shop oder beim Metzger vorbestellen)
- 1 EL Kokosfett
- 200 g körniger Frischkäse (= Hüttenkäse)

Zubereitung:

01 Das »Leipziger Allerlei« (und eventuell auch das Fleisch) auftauen lassen. Das Rinderherz in einem Topf mit Wasser bedecken und ca. 20 Minuten bei schwacher Hitze kochen.

02 Herausnehmen und in Würfel schneiden. Währenddessen das Gemüse in der entstandenen Brühe etwa 10 Minuten garen.

03 Danach die Brühe bis auf einen kleinen Rest abschütten, das Kokosfett dazugeben und den körnigen Frischkäse unterrühren. Das Ganze wieder mit den Fleischstücken vermengen und zusammen servieren. Lauwarm verfüttern und ggf. portionsweise einfrieren.

INFO: »Leipziger Allerlei« ist ein Gemüsegericht, dessen Zusammensetzung nicht genau definiert ist. Als Tiefkühlvariante ist es heute meist ein Synonym für eine Mischung aus Erbsen und Karotten mit einigen Spargelstücken.

RINDERHERZ sollte nur ganz schlachtfrisch oder gefroren verwendet werden. Als reines Muskelfleisch ist es ein sehr hochwertiges Fleisch, vergleichbar mit einem guten Steak. Es schmeckt allerdings viel intensiver nach Fleisch und hat eher den Charakter von Wildfleisch. Bei Hunden ist es daher sehr beliebt.

Eier-Thunfisch-Omelett mit Petersilie

Zutaten:

- ½ Bund frische Petersilie (alternativ eignen sich immer Kräuter der Provence)
- 3 frische Eier
- 300 ml laktosefreie Milch
- 1 Dose Thunfisch (natur in Wasser, Abtropfgewicht ca. 150 g)
- 1 EL Kokosfett

Zubereitung:

01 Petersilie klein hacken. Eier und Milch kräftig miteinander verquirlen und mit der Petersilie vermischen.

02 Thunfisch gründlich abtropfen lassen und in kleine Stücke zerteilen. Kokosfett in der Pfanne erhitzen und den Thunfisch darin erwärmen.

03 Die verquirlte Eiermasse darüber geben und das Ganze bei geringer Hitze stocken lassen. Lauwarm servieren.

INFO: Diese Menge ist eine vollwertige Mahlzeit für einen ca. 25 Kilogramm schweren Hund. Wiegt Ihr Hund deutlich weniger, teilen Sie sich das Gericht doch einfach!

Gewolftes Huhn mit Brokkoli

Zutaten:

- **250 g gewolftes (also durch den Fleischwolf gedrehtes) Hühnerfleisch (am besten gefroren aus dem BARF-Shop kaufen)**
- **100 g tiefgefrorener Brokkoli**
- **1 EL Kokosfett**
- **1 EL Kräuter der Provence (oder Pernaturam 30 Kräutergarten)**

Zubereitung:

01 Das gefrorene Fleisch aus der Plastikverpackung nehmen und gemeinsam mit dem Brokkoli auftauen lassen.

02 Beides zusammen mit einer halben Tasse Wasser und dem Kokosfett in einen Topf geben und etwa 15 Minuten bei kleiner Hitze köcheln lassen.

03 Kurz mit dem Mixstab anpürieren. Kräuter hinzugeben und abkühlen lassen.

Seelachsfilet mit Möhrchen

Zutaten:

- 150 g Seelachsfilet (frisch oder gefroren)
- 1 EL Kokosfett
- 1 EL Olivenöl
- 25 g getrocknete Möhrenraspel (z. B. von Lunderland)

Zubereitung:

01 Das Seelachsfilet mit dem Kokosfett, dem Olivenöl und ½ Tasse Wasser in der Pfanne garen.

02 Die so entstandene Fischbrühe auf die getrockneten Möhren geben und mit dem grob zerkleinerten Fischfilet mischen. Mindestens 30 Minuten durchziehen lassen, bis die Möhren voll aufgequollen sind und den Fischsud aufgesogen haben.

03 Falls die Flüssigkeit nicht ausreicht, evtl. noch etwas kochendes Wasser dazugeben.

Zucchinistifte mit Makrele

Zutaten:

- **1 kleine Zucchini (ca. 100 g)**
- **1 Dose Makrele in Raps- oder Olivenöl (= ca. 90 g Fisch)**
- **200 g körniger Frischkäse (= Hüttenkäse)**
- **1 EL Kräuter der Provence (oder Pernaturam 30 Kräutergarten)**

Zubereitung:

01 Die Zucchini in Stifte schneiden und mit der grob zerteilten Makrele (Öl mitverwenden) und dem Frischkäse in der Pfanne vermengen. Vorsichtig erhitzen.

02 Sobald die Zucchini etwas weicher geworden sind, alles vom Herd nehmen und abkühlen lassen.

03 Zum Schluss noch die Kräuter unterrühren und etwas ziehen lassen. Lauwarm verfüttern.

Fleischtorte

Zutaten:

- 200 g Rindergehacktes
- 200 g körniger Frischkäse
- 150 g Kokosnussmehl
- 100 g griechischer Joghurt (10 % Fett)
- 2 EL natives Kokosnussfett
- Kokosraspeln zum Garnieren
- 2 EL Kräuter der Provence (oder Pernaturam 30 Kräutergarten)
- 2 Eier (eines davon mit Schale) im Mixer gut zerkleinern)

Zubereitung:

01 Backofen auf 180° vorheizen.

02 Alle Zutaten mit der Hand gut vermengen, sodass eine homogene Masse entsteht. Bei Bedarf etwas Wasser hinzufügen.

03 Einen runden Kuchenlaib formen und diesen auf ein mit Backpapier ausgelegtes Blech legen. Im vorgeheizten Backofen etwa 1 Stunde backen. Mit etwas Kokosraspeln bestreuen. Nach dem Abkühlen in Kuchenstücke schneiden und stückweise einfrieren.

04 Ein solches Stück Hundekuchen ist ein willkommener Leckerbissen und kann als »Snack« zwischendurch gereicht werden.

Leberwurst-Amaranth-Kekse

Zutaten:

- 2 Eier
- 40 g feine Leberwurst
- 70 g Kokosmehl
- 1 EL Chiasamen (ca. 10 g)
- Amaranthpops

Zubereitung:

01 Backofen auf 150° vorheizen.

02 Die Eier schaumig schlagen und mit der Leberwurst und dem Kokosmehl gut durchkneten.

03 Die Chiasamen zugeben. Es sollte ein gut formbarer Teig entstehen, evtl. noch etwas Kokosmehl dazugeben. Kleine Kugeln formen und in den Amaranthpops wälzen.

04 Auf ein mit Backpapier ausgelegtes Backblech legen und im vorgeheizten Backofen ca. 40 Minuten backen.

INFO: Was ist Amaranth? Amaranth sind glutenfreie Samen einer Pflanze, die zu den Fuchsschwanzgewächsen gehört. Die kleinen Amaranth-Power-Körnchen sind reich an leicht verwertbaren Nähr- und Vitalstoffen. Aufgepoppt wie beim Popcorn haben sie ein großes Volumen, aber so gut wie keine Kohlenhydrate. Es gibt sie in jedem Bioladen. Natürlich sind sie auch ideal für den menschlichen Low-Carb-Genuss.

Leckerknochen (Hundekekse)

Zutaten:

- 100 g Hackfleisch (halb Rind, halb Schwein)
- 75 g Kokosmehl
- 50 g Mandelmehl
- 200 g körniger Frischkäse
- 1 EL Kräuter der Provence (oder Pernaturam 30 Kräutergarten)
- 1 EL Kokosfett

Zubereitung:

01 Backofen auf 150° vorheizen.

02 Alle Zutaten in einer Schüssel gründlich vermengen. Auf einer glatten Oberfläche verteilen und die gewünschte Plätzchenform ausstechen. Falls der Teig zu klebrig ist, etwas Kokosmehl nachgeben.

03 Im vorgeheizten Backofen 1 Stunde ausbacken. Portionsweise einfrieren.

Meerkekse

Zutaten:

- 5 g getrocknete Kombualgen
- 1 Dose Thunfisch (natur in Wasser, Abtropfgewicht ca. 150 g)
- 2 frische Eier
- 1 EL Chiasamen
- 50 g Kokosraspel
- 30–40 g Kokosmehl

Zubereitung:

01 Backofen auf 150° vorheizen

02 Die Kombualgen in einen Topf mit kaltem Wasser geben, bedecken und kurz zum Kochen bringen (aus 5 g Trockenmasse entstehen auf diese Weise 50–60 g gequollene Feuchtmasse).

03 Algen herausnehmen, abtropfen lassen und zusammen mit dem ebenfalls abgetropften Thunfisch und den beiden Eiern (hier kann ruhig auch die Schale mitverwendet werden) in eine Rührschüssel geben und mit dem Mixer oder von Hand gut durchkneten. Chiasamen und Kokosraspel zugeben.

04 Anschließend so viel Kokosmehl dazugeben, dass ein gut formbarer Teig entsteht. Kleine Keksbällchen formen. Auf ein mit Backpapier ausgelegtes Backblech legen und im vorgeheizten Backofen ca. 40 Minuten backen. Kekse portionsweise einfrieren, da sie natürlich nicht so lange haltbar sind wie Kekse aus Mehl.

05 Als herzhafter Snack zum Gläschen Wein sind diese »Meerkekse« natürlich auch zum menschlichen Verzehr geeignet. Der Geschmack ist allerdings nicht jedermanns Sache. Hunde lieben diese Kekse!

INFO: **Was sind Kombualgen? Diese Algen sind schmackhafte Lieferanten wichtiger Nährstoffe, allen voran von Jod. Dieses Spurenelement ist für Mensch und Hund meist Mangelware, denn es steckt in größeren Mengen nur in Fisch und Meeresfrüchten. Jod ist wichtig zum Aufbau des Schilddrüsenhormons. Ein Mangel an Schilddrüsenhormon führt häufig zu Übergewicht. Eine ausreichende Jodversorgung ist also gut für die schlanke Linie. Menschen und Hunde mit Schilddrüsenüberfunktion sollten keine größeren Mengen von den Meerkeksen essen. Kombualgen bekommt man heutzutage in jedem Reformhaus, Bioladen oder übers Internet. Getrocknet sehen sie durch eine Salzkruste auf der Oberfläche etwas gewöhnungsbedürftig aus. Sie schmecken ein wenig nach »Meer«, daher der Name.**

Hundezabaglione

Zutaten:

- **1 Ei (unbedingt ganz frisch)**
- **100 g griechischer Joghurt (10 % Fett)**
- **½ TL frisches Hanföl**

Zubereitung:

01 Das Ei trennen. Eigelb mit einer Gabel in einem tiefen Teller sehr schaumig schlagen. Joghurt dazugeben und sehr gut durchmischen.

02 Zum Schluss das Hanföl untermischen. Das Eiweiß kann man in einer Pfanne kurz anbraten und als »Leckerli« verfüttern.

Low-Carb-Hunde-Frischkornbrei

Zutaten:

- ½ bis 1 Apfel (je nach Größe, frisch gerieben, ohne Kerne)
- ein paar Tropfen Zitronensaft
- 1 Becher (200 g) körniger Frischkäse (= Hüttenkäse)
- 1 EL Chiasamen
- 1 EL Amaranthpops
- 1–2 EL Lachsöl

Zubereitung:

01 Den Apfel mit etwas Zitronensaft vermengen, damit er nicht braun wird. Mit den übrigen Zutaten gut durchmischen und sofort servieren.

02 Wer möchte, kann auch noch ein rohes Ei unterrühren.

INFO: Was sind Chiasamen? Chiasamen sind die winzigen Samen eines Salbeigewächses. Sie sind vitaminreich und haben einen sehr hohen Anteil an Omega-3-Fettsäuren, Proteinen, Vitaminen, Antioxidantien und Mineralstoffen. Sie quellen stark und eignen sich gut zur Beifütterung nach einer Knochenmahlzeit.

Leberwurst-Joghurt-Eis am Stiel

An heißen Sommertagen ist so ein »Hundeeis« eine willkommene Erfrischung. Damit hat der Hund lange Spaß und ist eine ganze Weile beschäftigt. Haben Sie einen Superschlinger zu Hause, füllen Sie die Eismasse in einen Kong (Hundespielzeug aus Naturkautschuk mit Loch in der Mitte) und frieren diesen komplett ein. Dann kann der Hund nur durch Schlecken mit der Zunge an das Leckerli herankommen.

Zutaten:

- **250 g griechischer Joghurt (10 % Fett)**
- **125 g feine Leberwurst (gekauft oder selbst gemacht)**

Zubereitung:

01 Joghurt und Leberwurst in einem Standmixer oder mit einem Pürierstab kräftig mischen.

02 Die Mischung in kleine Plastikbecher füllen (von Sahne, Joghurt oder Schmand) und einen Pansenstick als Stiel mitten hineinstecken. In der Tiefkühltruhe einige Stunden frieren lassen.

TIPP: Wenn man den Becher vorsichtig kurz unter warmes Wasser hält, kann man das Hundeeis am Stiel leicht aus dem Becher ziehen.

Harzer Käsekuchen

Dieser herzhafte Käsekuchen schmeckt Zwei- und Vierbeinern gleichermaßen gut. Ein Stück davon zu einem frischen Salat und der Mensch ist satt und glücklich. Freund Hund darf (je nach Größe) ebenfalls 1–3 Stücke konsumieren.

Zutaten:

- **200 g Harzer Käse**
- **250 g Sahnequark**
- **3 frische Eier**
- **1 Tütchen Backpulver**
- **1 EL Chiasamen**
- **50 g Kokosmehl**
- **etwas Kokosfett zum Einfetten der Backform**

Zubereitung:

01 Backofen auf 150° vorheizen.

02 Alle Zutaten zusammen mit einem Mixer gut durchpürieren und dann in eine mit Kokosfett gefettete Backform geben. Besonders gut eignen sich hierfür Silikonformen.

03 Im vorgeheizten Backofen etwa 1 Stunde goldbraun backen. Nach dem Abkühlen in Stücke schneiden und portionsweise einfrieren.

Danksagung

Bei meinem Ehemann Detlev von Glinski möchte ich mich herzlich für die vielen Stunden bedanken, in denen er in der Küche stand und Menüs für Frau und Hund kreierte. Er ist der beste Koch für Zwei- und Vierbeiner. Ohne seine ständige Hilfsbereitschaft und klugen Kommentare wäre dieses Buch niemals fertig geworden. Dass uns nicht nur unsere Liebe zueinander, sondern auch die Begeisterung für Hunde verbindet, ist ein großes Geschenk.

Meiner Lektorin Susanne Bader danke ich für die kompetente Überarbeitung des Manuskripts und für viele nützliche Tipps.

Meinem Hund Neigel danke ich für seine bedingungslose Liebe und sein grenzenloses Vertrauen. Es gibt auf der Welt keinen besseren Psychologen als Dich, wenn Du mir das Gesicht leckst.

»Hunde sind nicht alles in unserem Leben, aber sie machen es komplett.«

— Roger Caras

skinfit
triathlonteam

Impressum

Redaktion: systemed Verlag, Lünen
systemed GmbH, Kastanienstr. 10, 44534 Lünen
Lektorat: Susanne Bader, Weißach

Fotografie: Studio Reiner Schmitz, München
Foodstyling: Marcel Sumpf, München
Stockfotografie: www.fotolia.de

Umschlaggestaltung: Hauptmann & Kompanie Werbeagentur, Zürich
Satz: A flock of sheep, Lübeck

Druck: Druckerei Uhl, Radolfzell
ISBN: 978–3-95814–011–0

1. Auflage

Hinweis: Alle Informationen und Hinweise, die in diesem Buch enthalten sind, wurden von der Autorin nach bestem Wissen erarbeitet und von ihr und dem Verlag mit größtmöglicher Sorgfalt überprüft. Unter Berücksichtigung des Produkthaftungsrechts müssen wir allerdings darauf hinweisen, dass inhaltliche Fehler und Auslassungen nicht völlig auszuschließen sind. Für etwaige fehlerhafte Angaben können die Autoren, Verlag und Verlagsmitarbeiter keinerlei Verpflichtung und Haftung übernehmen. Korrekturhinweise sind jederzeit willkommen und werden gerne berücksichtigt.

systemed verlag

LOGI® DAS ORIGINAL BEI SYSTEMED